Sweets

 Natural

Sweets

 Natural

Natural Sweets

Yuki Aoyama

青山有紀的
自然味の手作甜食

前　言

說實話，對於製作甜點，原本我是不太拿手的，

也不曾在學校或料理教室學習過點心的作法。

在一邊開店的過程裡，我心裡卻有著自己想吃，也想作給喜歡的人吃的這種心情，

所以一邊想像＆思考一邊混合麵粉，以自己的雙手不斷重新找尋、試作，

最後的成果，都在這本書裡。

在不影響最後出爐結果的情況下，我將所有繁鎖的步驟盡量省略。

對於學習過正統甜點製作方法的讀者來說，

或許會感到某些細節不夠充分，或作法上有錯誤。

但是，我的初衷是希望向許多原本認為「作甜點好像很困難啊！」、「好多繁鎖的步驟哦！」的人，

介紹這些簡單又容易上手的食譜。

因為，連原本不擅長我都能作得出來，

所以即使你不懂得如何製作甜點，即使你才剛剛開始想要挑戰作甜點，即使你完全不擅長作料理，

也都能辦得到！

從餅乾、馬芬、蛋糕，到和菓子、豆菓子，到果凍、冰沙，甚至以蔬菜入味的小點心，

從小貝比到老奶奶，從抗拒不了甜點的女性到喜歡小酌一杯的男性，

這本書裡的點心，無論是誰都會喜歡，而且輕而易舉即可完成。

每一道甜點，我都能自信滿滿地端出，讓我所喜歡的人、好朋友們及小朋友們品嚐。

所以，希望你至少能挑選書中的一樣甜點，試作看看。

然後，送給至少一位對你來說重要的人，品嚐看看。

從他們和甜點接觸的剎那間，臉上所呈現出來的笑容，

一定會帶給你無比的滿足＆力量！

Tips & Techniques

【 製 作 技 巧 & 重 點 】

這裡整理了製作這本書中大部分的甜點所需要的共同注意事項，
只要確實記住以下六項重點，即便是新手，也能順利完成作品喔！

1. 基本的準備工作要確實，不可馬虎。

如果有需要進烤箱的甜點，最重要的就是流暢地進行所有步驟。為了讓麵團完成後能夠立即送入烤箱，請事先預備需要使用的模型、鋪好烘焙紙，事先預熱烤箱，請確實執行基本準備工作。為了讓製作過程能流暢地進行，請於開始前就確實計算所有材料的份量，及準備好所需要的工具。如果工具上留有水分，請確實擦乾。開始前先將欲製作的食譜從頭到尾讀過一遍，在腦中留有印象，會使製作過程更加得心應手。

2. 一邊過篩粉類，一邊加入麵糊中。

由於粉類容易結成塊狀，在製作甜點時，粉類需事先過篩準備好，這是基本常識。雖然如此，但是在製作的過程裡，也會發生電話響起或客人上門這類情況。在其他許多食譜裡會要求將粉類過篩後再加入麵糊裡，但我覺得太浪費時間了！所以省下這個步驟，而是直接在加入粉類時，同時過篩。當同時要加入多種不同的粉類（如：泡打粉）時，我會在計算份量的階段就將它們全部混在一起。加入粉類時，為了不讓粉末四處飛散，則建議直接過篩於鋼盆中。

3. 將蛋白冷藏，再打發。

在本書中所介紹的蛋糕，幾乎都有一相同步驟，就是將蛋白及蛋黃分開後，分別打發起泡。這時，最重要的就是將蛋白打發至綿密的固體狀態（撈起時呈現具體的針尖狀），藉由完全地打發，蛋白霜內含有充分的空氣後，經過烘焙就會產生鬆軟綿密的口感。為了讓蛋白能夠均勻地打發，使用電動攪拌器時，先以高速攪拌起泡，最後再切換成低速使泡沫變得質地均勻且細緻。為了讓蛋白容易被打發，可將蛋白、鋼盆及攪拌器的前端拆下一起放入冰箱內冷藏（請小心不可沾到水分哦！）。

4.製作蛋黃麵糊時，請使用較大的鋼盆進行打發。

蛋黃麵糊與蛋白一樣，需要仔細均勻地打發。最初打發時顏色仍維持黃色，質地仍然稀散；請持續攪拌至顏色變淡且撈起時蛋黃液落下的狀態（如緞帶滑落下的半固態液狀）即可。蛋黃不需像蛋白事先冰過再打發，因為加入砂糖的關係，反而事前先將蛋黃從冷藏取出並置於室溫下回溫，有利於砂糖在蛋黃中融化。由於蛋黃麵糊經常作為基底，會加入蛋白糖霜或粉類等其他原料，在打發時建議直接選用尺寸較大的鋼盆（直徑20cm以上），電動攪拌器的速度則是固定維持在高速打發的狀態即可。

5.我的製作順序是：先蛋白→後蛋黃。

製作某些需要將蛋白和蛋黃分開打發的蛋糕時，大部分的食譜皆以先打蛋黃，後打蛋白的程序進行。但是，我的作法卻剛好相反。主要的理由是：「這個順序更省事！」因為，打過蛋黃的電動攪拌器的前端，必需經過清洗，才能再接著打蛋白，這樣蛋白才能徹底打發。若是先打蛋白，之後攪拌器的前端不用再洗過，即可直接打發蛋黃。雖然看似不起眼的手續變化，實際上造成的差異卻不小。打發過的蛋白，可在接著打蛋黃的時間中，直接放入冰箱冷藏降溫。所以當開始製作甜點之前，我會事先確認好冰箱的空間。

6.要保持蛋白糖霜的泡沫。

打發後的蛋白（即蛋白糖霜）的泡沫，是決定蛋糕口感的蓬鬆度、柔軟度的關鍵。如果混合時將泡沫打散了，蛋糕的型狀就不容易烤好、口感也會變得硬梆梆。在攪拌蛋白糖霜及蛋黃麵糊時，重點即在快速而不破壞糖霜泡沫的狀態下混合均勻。建議以打蛋器，從外往內且以縱向畫圓的方式拌勻。如果以一般畫圓的方式攪拌，不僅泡沫馬上就被破壞，還會使整個基底變得黏稠，這絕對是大忌。如果慣用矽膠抹刀，請不要將抹刀面放平使用，而是將抹刀面直立，像切割東西的手法快速拌勻。（我為求方便，皆直接以打蛋器攪拌。）

其他
・使用不含鹽奶油。
・使用粗磨的低筋麵粉。
・本書中所使用的材料或道具，請參閱P.90至P.93的詳細介紹。
・烤箱的溫度及烘焙時間僅供參考。不同烤箱機種所需時間和溫度也會不同，請先試著烘焙看看，多嘗之後並再調整。

Contents

Natural Sweets Yuki Aoyama

核 桃 & 黑 糖
& 玄 米 の 餅 乾

材料（9個份）
核桃…25g
煮熟的玄米…約30g
杏仁粉…35g
低筋麵粉…85g
奶油…60g
黑糖（粉末）…30g
炸油…適量

☆前置準備
・將奶油置於室溫下待其軟化。
・將核桃放入已預熱至100℃烤箱中，烘烤約5分鐘。
・烤箱預熱至170℃。

1.將炸油以低溫（約150℃）加熱後，將已煮熟的玄米倒入鍋中，慢慢地炸至
  酥脆，略帶金黃色後即可撈起，置於餐巾紙上吸去油分。

2.將步驟1玄米和烘烤後的核桃放入塑膠袋中，以擀麵棍略微敲碎（a）。

3.將奶油放入鋼盆中，以打蛋器攪拌至奶油呈現乳狀後再加入黑糖，繼續攪
  拌至整體變得柔軟蓬鬆（b）。

4.依序加入杏仁粉、低筋麵粉及步驟2材料於步驟3中，同時以矽膠抹刀攪拌
  均勻。

5.將麵團整形為一棒狀，以保鮮膜包覆，放入冰箱冷藏30分鐘至1小時。

6.從冰箱將麵團取出，均分為9等份（1個約為15g），將麵團略整型為圓
  形，放入烤盤。

7.放入已預熱至170℃烤箱中，烘烤約10分鐘。

(a)　　　　　　　　(b)

巧克力雜糧 &
芝麻餅乾

材料（6片份）

A
巧克力片…20g
全麥麵粉…50g
低筋麵粉…20g
綜合雜糧…20g
米糠…10g
黍砂糖…20g
鹽…1小撮

太白胡麻油…2大匙
蜂蜜…1大匙
水…約3大匙
炒熟的白芝麻…適量

☆前置準備
・烤箱預熱至170℃。

1. 將A料倒入鋼盆中，以打蛋器攪拌均勻。

2. 在麵糊中間作一個凹槽，加入太白胡麻油、蜂蜜和水（觀察麵糊的情況，慢慢地加入），再以矽膠抹刀拌勻後，整合成一個麵團。

　＊麵團應該會呈現黏稠狀（a）。
　　如果麵團比圖中的狀態還要稀，可視情況減少水的份量，甚至不加也可以。

3. 將麵團以保鮮膜包覆，放入冰箱冷藏30分鐘至1小時。

4. 把麵團均分為6等份（1片約為36g），整型為扁平的圓形，在表面中間撒上白芝麻（為了不讓芝麻掉落，以手指輕壓）。

5. 放入已預熱至170℃烤箱中，烘烤約10分鐘，再調降烤箱溫度至160℃，續烤10分鐘。

(a)

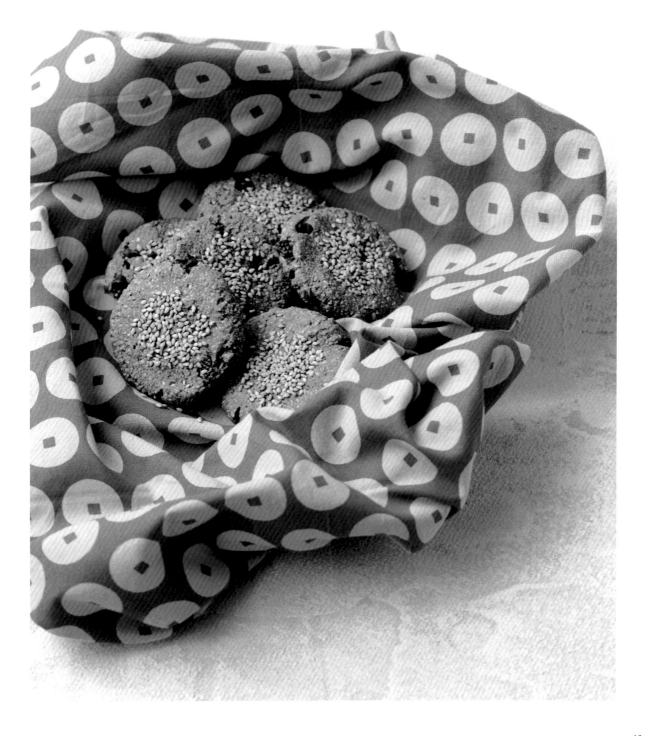

肉 桂 & 果 乾
& 堅 果 の 餅 乾

材料（5片份）

〔麵團〕

A
- 杏仁粉…20g
- 低筋麵粉…60g
- 全麥麵粉…20g

B
- 黍砂糖…30g
- 鹽…1小撮
- 太白胡麻油…2大匙
- 豆漿…2.5大匙
- 杏仁（無鹽、細切）…10顆

〔內餡〕＊混勻
- 葡萄乾…10g
- 黑棗（粗切）…10g
- 肉桂粉…半小匙
- 蜂蜜…1.5大匙

☆前置準備
- 烤箱預熱至180℃。
- 將杏仁放入已預熱至100℃烤箱中，烘烤約5分鐘。

1. 將A料倒入鋼盆中，以打蛋器攪拌均勻。

2. 另取一鋼盆放入B料，加入黍砂糖及鹽後，以矽膠抹刀仔細攪拌直至糖及鹽完全溶解。

3. 在步驟1中加入步驟2材料後，以矽膠抹刀攪拌均勻，再加入豆漿及杏仁顆粒，全部拌勻。

4. 將麵團以保鮮膜包覆，放入冰箱冷藏30分鐘至1小時。

5. 將麵團放在已撒上手粉（份量外的低筋麵粉）的工作檯上，以擀麵棍擀成10cmX20cmX厚5mm的大小。在麵團的半側均勻鋪入內餡（a），將另外半側的麵團蓋上後輕壓整型，以刀子以寬2cm距離切割麵團，放入烤盤。

6. 放入已預熱至180℃烤箱中，烘烤約10分鐘，再調降烤箱溫度至170℃，續烤20分鐘。

(a)

薑味小豆蔻の餅乾

材料（11片份）

A
金時生薑（粉末）…4g
小豆蔻…1/4小匙
全麥麵粉…60g
低筋麵粉…14g
太白粉…5g
黍砂糖…30g

豆漿…2小匙
太白胡麻油…1.5大匙

☆前置準備
・烤箱預熱至190℃。

1. 將A料倒入鋼盆中，將打蛋器以畫圓的方式攪拌均勻。

2. 將豆漿及太白胡麻油加入於步驟1中，將打蛋器換以矽膠抹刀，俐落地以切割手法將全部拌勻。

3. 以手輕柔地將麵糊揉成一塊麵團，再以保鮮膜包覆。再以擀麵棍回擀壓至厚度約5mm（a）→（b）。

4. 將擀平的麵團以刮刀切成寬2cmX長5cm的大小後，於麵團表面以竹籤戳出3個小洞。放入已預熱至190℃烤箱中，烘烤約5分鐘，再調降烤箱溫度至180℃，續烤5分鐘，最後以烤箱170℃烘烤5分鐘。

   ＊以刮刀盛起已切好的麵團放入烤盤。

5. 烤好後將餅乾以刮刀從底部盛起，取出置於網架上，待涼。

   ＊剛出爐的餅乾仍很鬆軟，請輕輕地以刮刀盛起。

(a)   (b)   (c)

黑芝麻 &
無花果の餅乾

材料（直徑6cm布丁杯模・12個份）

〔麵團〕
炒熟黑芝麻…15g
杏仁粉…30g
低筋麵粉…65g
鹽…3小撮
豆漿…10g
奶油…45g
黍砂糖…30g

〔內餡〕
奶油…70g
蜂蜜…20g
豆漿…35g
黍砂糖…35g

〔裝飾用〕
無花果乾…6個
核桃…6個
開心果（去皮）…12個
枸杞…12顆

☆前置準備
・將無花果乾切對半。核桃放入已預熱至100℃烤箱中，烘烤5分鐘後，切對半。
・在布丁杯模內側薄塗太白胡麻油（份量外），再撒上少許麵粉（份量外）。
・奶油於室溫下待其軟化。烤箱預熱至170℃。

1.〔麵團〕將奶油放入鋼盆中，以打蛋器仔細攪拌至柔滑的乳霜狀後，加入黍砂糖及鹽，繼續攪拌至呈現柔軟蓬鬆狀。

2.在步驟1中依序加入杏仁粉、豆漿和黑芝麻，以矽膠抹刀持續拌勻。攪拌均勻後加入低筋麵粉，以抹刀拌勻。

3.將步驟2麵團均分為12等份（1個約15g），將麵團分別壓入布丁杯模內，在中央作出一個深約1.5cm的凹槽，使麵團如水果塔的塔底一般。放入已預熱至170℃烤箱中，烤約15至18分鐘。待冷卻至不燙手後將杯模翻轉倒出烤好的塔底，脫模（a）。

4.〔內餡〕取一小鍋，將內餡的材料放入後，以中火加熱。以矽膠抹刀一邊攪拌，一邊持續加熱4至5分鐘，當快煮沸（開始冒泡泡）並呈現焦糖色後，將鍋底浸入冷水（冰水最佳）中，同時以抹刀持續攪拌，直至內餡從滑順的液狀冷卻變成濃稠的糖漿狀。

5.將步驟4糖漿內餡填入步驟3塔底中（一次一小匙），放入已預熱至180℃烤箱中，烘烤15分鐘。出爐後趁熱，將裝飾用材料分別擺入（b）。

＊沒有使用完畢的內餡材料，冷藏可保存一週。

(a)

(b)

原味馬芬

材料（直徑5.5cm・馬芬模型6個份）

A
全麥麵粉…100g
低筋麵粉…120g
泡打粉…1小匙
鹽…1小撮
黍砂糖…70g

B
豆漿…160cc
太白胡麻油…100cc

☆前置準備
・將烘培紙鋪在馬芬模型內（如果使用紙製馬芬模型則可省略此步驟）。
・烤箱預熱至180℃。

1.將A料放入鋼盆中，以打蛋器攪拌均勻。

2.將B料放入步驟1中，以打蛋器攪拌均勻。

3.將步驟2材料倒入模型中（a），放入已預熱至180℃烤箱中，烘烤25分鐘。

(a)

胡蘿蔔 & 葡萄乾 の 馬芬

材料（底面直徑5.5cm・馬芬模型6個份）

A
┌ 全麥麵粉…80g
│ 低筋麵粉…140g
│ 泡打粉…1小匙
│ 鹽…1小撮
│ 黍砂糖…40g
│ 葡萄乾…50g
└ 生薑粉…1小匙

B
┌ 100%無糖胡蘿蔔汁
│ …160cc
│ ＊建議選用有機產品
│ 太白胡麻油
└ …100cc

☆前置準備
・將烘焙紙鋪於馬芬模型內
　（若使用紙製馬芬模型則可省略此步驟）。
・烤箱預熱至180℃。

1.將A料放入鋼盆中，以打蛋器攪拌均勻。

2.將B料放入步驟1中，以打蛋器攪拌均勻。

3.將步驟2材料倒入模型中（a），放入已預熱至180℃
　烤箱中，烘烤約25至30分鐘。

栗子 & 堅果 の 馬芬

材料（底面直徑5.5cm・馬芬模型6個份）
原味馬芬材料（請參閱P.20）…全量
甜栗…80g
胡桃…40g

☆前置準備
・將烘焙紙鋪於馬芬模型內（若使用紙製馬芬模型則可省略此步
　驟）。
・甜栗挑選3顆對半切開，剩下的則細切成碎顆粒。
・將胡桃放入已預熱至100℃烤箱中，烘烤5分鐘後，待冷卻至不燙
　手後預留6顆，剩下的以手掰成適當小塊狀。
・烤箱預熱至180℃。

1.在原味馬芬的步驟2中，加入切碎的甜栗及掰成小塊的
　胡桃，拌勻。

2.將步驟1材料倒入模型中，放入半顆甜栗及1顆胡桃於麵
　糊表面。放入已預熱至180℃烤箱中，烘烤約25分鐘。

紅豆 & 奶油 & 乳酪 の 馬芬

材料（底面直徑5.5cm・馬芬模型6個份）
原味馬芬材料（請參閱P.20）…全量
奶油乳酪（Cream Cheese）…1小匙 X 6份
甜紅豆泥…1小匙 X 6份

☆前置準備
・將烘焙紙鋪於馬芬模型內
　（若使用紙製馬芬模型則可省略此步驟）。
・烤箱預熱至180℃。

1.在原味馬芬的步驟3中，先倒入模型一半高度的麵糊，
　再加入1份乳酪和1份紅豆泥，再以麵糊填滿模型。

2. 放入已預熱至180℃烤箱中，烘烤約25分鐘。

櫻花餅乾

材料（櫻花造型餅乾模・32至33片份）
鹽漬櫻花…25g
杏仁粉…40g
低筋麵粉…100g
紅麴粉…半小匙
＊目的於上色用，如果不使用也ok。可於一般料理專賣店或網路購買。
奶油…65g
黍砂糖…20g
和三盆糖…20g

☆前置準備
・將鹽漬櫻花以清水沖洗至留有鹹味即可。拭乾後，切成碎末。
・將奶油置於室溫下待其軟化。
・烤箱預熱至150℃。
・將低筋麵粉及紅麴粉混合。

1.將奶油放入鋼盆中，以打蛋器仔細攪拌至呈現柔滑的乳狀，加入黃糖及和
  三盆糖，持續攪拌至整體呈現柔軟蓬鬆狀。

2.依序加入鹽漬櫻花、杏仁粉，同時以矽膠抹刀拌勻。混合均勻後加入低筋
  麵粉及紅麴粉，再以抹刀攪拌均勻。

3.將麵團以保鮮膜包覆，放入冰箱冷藏30分鐘至1小時。

4.將麵團放於已撒上份量外低筋麵粉的工作檯上，以擀麵棍擀成厚5mm，壓
  上櫻花餅乾模（a）→（b）。

  ＊此時先將一些低筋麵粉放入盤中，使用前將模型先沾取麵團後再壓麵團會更容易作業。剩餘
    的麵團可全部整合在一起後，再切成喜好的大小。

5.將櫻花形狀的麵團放入烤盤，在正面中央以竹籤戳3個小洞。放入已預熱至
  150℃烤箱中，烘烤20至25分鐘。

(a)　　　　　　　(b)

蓬蓬鬆鬆

艾草 &
小紅豆の餅乾

材料
（葫蘆造型餅乾模型・35片份）

艾草粉…5g
水…4大匙

A
低筋麵粉…60g
片栗粉…20g
乾燥紅豆餡粉…20g
杏仁粉…40g
和三盆糖（請參閱P.24）…40g
鹽…1小撮

太白胡麻油…4大匙

※片栗粉：日本太白粉，即為馬鈴薯
  澱粉。

☆前置準備
・烤箱預熱至170℃。

1.將艾草粉和水（4大匙）混合，攪拌均勻。

2.將A料放入鋼盆內，打蛋器以畫圓的方式拌勻。

3.在麵糊中央作出一個小凹槽，加入太白胡麻油，以矽膠抹刀拌勻後，
  整合麵團。

4.麵團以保鮮膜包覆，放入冰箱冷藏30分鐘至1小時。

5.將麵團放在撒上份量外低筋麵粉的工作檯上，以擀麵棍擀成厚3mm
  後，壓上葫蘆餅乾模。

  ＊將剩下的麵團整合一起後，再製作成喜好的大小。

6.將切割好的麵團排列於烤盤中，放入已預熱至170℃烤箱中，烘烤約
  20分鐘。

蓬蓬鬆鬆

迷迭香餅乾

材料（蝴蝶造型餅乾模・8片份）

A
- 乾燥迷迭香…1.5大匙
- 低筋麵粉…80g
- 杏仁粉…30g
- 黍砂糖…35g
- 炒熟白芝麻…6g
- 鹽…2小撮

B
- 豆漿…2大匙
- 太白胡麻油…4大匙

☆前置準備
・將乾燥迷迭香大致切碎（過程容易飛散，切碎時請以另一手稍微遮擋）。
・烤箱預熱至170℃。

1. 將A料放入鋼盆內，將打蛋器以畫圓的方式拌勻。

2. 在麵糊中央作出一個小凹槽，加入B料，以矽膠抹刀拌勻後，整合麵團。

3. 將麵團以保鮮膜包覆，放入冰箱冷藏30分鐘至1小時。

4. 將麵團放在撒上份量外低筋麵粉的工作檯上，以擀麵棍擀成厚8mm後，壓上蝴蝶造型餅乾模。

   ＊將剩下的麵團整合一起後，再切成喜好的大小。

5. 將切割好的麵團排列於烤盤中，放入已預熱至170℃烤箱中，烘烤約20至25分鐘。

豆漿 & 豆粉甜甜圈

材料（2至3人份）
低筋麵粉…80g
泡打粉…1g
雞蛋…1顆
豆漿…適量
＊100g－雞蛋重量＝豆漿的分量即可。
液狀奶油（以微波爐或小火加熱，將塊狀奶油溶化成液狀）…15g
黍砂糖…2大匙
炸油…適量

黃豆粉・黍砂糖…各2大匙
鹽…1小撮

1. 將雞蛋倒入鋼盆中，以打蛋器打散，低序加入豆漿及液狀奶油，續以打蛋器攪拌均勻。

2. 將低筋麵粉、泡打粉及2大匙黍砂糖加入步驟1材料後，以打蛋器拌勻。混合均勻後放入冰箱冷藏約30分鐘。

3. 將炸油倒入鍋中，加熱至160℃，以湯匙挖取步驟2材料後，以小球形狀依序放入鍋內油炸（a）。

4. 取一淺盤，將黃豆粉、黍砂糖及鹽混勻。待步驟3材料炸得蓬鬆，顏色呈均勻淡棕色後（b），從鍋內取出置於容器內，趁甜甜圈還有熱度時，均勻沾上調好的粉類。

＊如果油的溫度過高，會造成外層已變色但內部仍未熟透，請留意。

(a)　　　　　　(b)

玄米米菓×2款

【 蝦米鹽味の玄米米菓 】

材料（易操作的份量）
玄米麻糬或原味麻糬…2個
炸油…適量
※乾燥櫻花蝦（選用無添加物）…5g
鹽…1/4小匙
※茹素者可將葷料改為素料。

☆前置準備
・將麻糬切成寬1cm大小，利用日曬或放入已預熱至100℃烤箱中，烘烤約1小時，至變成乾燥脆硬（a）。

1. 將炸油放入鍋中，以低溫慢火加熱至150℃，再放入麻糬，炸至有如米菓般酥脆的程度（直到不再冒出氣泡）。

2. 當炸麻糬的同時，將乾燥櫻花蝦放入平底鍋拌炒，炒至香氣後即可熄火。將炒好的櫻花蝦及鹽放入研缽裡磨碎後，依個人喜好調味。

3. 待步驟1炸好後（b），趁熱與步驟2均勻混合。

【 海苔鹽味の玄米米菓 】

材料（易操作的份量）
玄米麻糬…2個
炸油…適量
海苔…適量
鹽…1/4小匙

☆前置準備
・將麻糬切成寬1cm大小，利用日曬或放入已預熱至100℃烤箱中，烘烤約1小時，至變成乾燥脆硬（a）。

1. 將炸油放入鍋中，以低溫慢火加熱至150℃，再放入麻糬，炸至有如米菓般酥脆的程度（直到不再冒出氣泡）。

2. 當炸麻糬的同時，將海苔及鹽一起放入研缽中磨碎，依個人喜好調味。

3. 待步驟1炸好後（b），趁熱與步驟2均勻混合。

(a)　　　　　　(b)

豆豆點心 × 3 款

【黑糖薑味大豆】

材料（易操作的份量）

A
＊混勻備用
- 大豆…100g
- 水…2大匙
- 黑糖粉…3大匙
- 薑粉…1小匙

1. 大豆以平底鍋乾煎過。
2. 豆子煎至略焦、外皮開始有裂痕後（a），倒入A料拌勻（b），熄火，加入薑粉再次拌勻。將豆子倒入淺盤內，待冷卻至不燙手即可享用。

【醬油大豆】

材料（易操作的份量）

大豆…100g

A
＊混勻備用
- 黍砂糖…2大匙
- 醬油…1大匙

海苔絲…適量

1. 大豆以平底鍋乾煎過。
2. 豆子煎至略焦、外皮開始有裂痕後（a），倒入A料拌勻。
3. 完全混勻後熄火，海苔絲以手捏碎後撒上，移至淺盤中待冷卻至不燙手即可享用。

【黑芝麻鹽味大豆】

材料（易操作的份量）

大豆…100g

A
＊混勻備用
- 黍砂糖…2大匙
- 水…1大匙
- 研磨黑芝麻粉…10g
- 鹽…1/4至1/2小匙

1. 大豆以平底鍋乾煎過。
2. 豆子煎至略焦、外皮開始有裂痕後（a），倒入A料拌勻。
3. 請依個人喜好調味。移至淺盤中，待冷卻至不燙手即可享用。

(a)　　　　　　(b)

地 瓜 薄 片

材料

地瓜、紅芋、慈菇…各適量

＊請隨喜好準備足夠的份量吧！

炸油…適量

1. 將材料切成厚1mm的圓片狀，分別以水浸泡30分鐘。

　＊浸泡過程中記得要換水。

2. 瀝乾水分後，散置於竹篩上1小時，使其乾燥。

3. 將炸油倒入鍋中，以慢火低溫加熱至150℃，慢慢地油炸蔬菜片（直至不再冒出氣泡為止）。炸至完全脫水且酥脆後（a），取出置於餐巾紙上吸除多餘油分。

(a)

地 瓜 乾

材料（易操作的份量）

地瓜或安納芋（日本番薯）

…2至3根

1.將地瓜斜切成厚1cm的片狀，以水浸泡約1小時。

　＊浸泡過程中記得要換水。

2.另取一鍋水，待煮至水滾，蒸汽升起時，放入蒸籠中蒸約10分鐘。

3.將地瓜盛入竹篩，如果天氣好，白天時請將竹篩置於室外，晚上則置

　於室內，偶爾翻面，經過2至3天，曬至個人喜好的脆硬程度即可。

　＊僅曬1日也很好吃。

　＊如果維持在室內曬乾，可放在有陽光的窗邊。

　＊如果曬得太硬時，可烤過後再食用。

巧克力 & 紅豆蛋糕

材料（21.8 X 8.7 X高6cm磅蛋糕模型1個・容量約900cc）

紅豆顆粒…200g
巧克力磚（以隔水加熱融化）…75g
杏仁粉…30g
鮮奶油…2大匙

A ┌ 蛋白…2個
  └ 黍砂糖…10g

B ┌ 蛋黃…2個
  └ 黍砂糖…10g

C ┌ 低筋麵粉…20g
  └ 可可粉…2大匙

罌粟籽…適量

☆前置準備
・蛋白在使用前置於冰箱冷藏。蛋黃則置於室溫下回溫。
・紅豆以小鍋煮成約150g泥狀（a）。
・將C粉料混合。
・將烘焙紙鋪於模型中。
・烤箱預熱至160℃。

1. 將紅豆泥及鮮奶油放入鋼盆中，以打蛋器攪拌均勻。加入杏仁粉及已融化的巧克力，拌勻。

2. 另取一鋼盆放入A料，以電動攪拌器高速拌勻。打發成蛋白糖霜後（請參閱P.4・第3點），降至低速調整糖霜密度，放入冰箱冷藏。

3. 再另取一鋼盆放入B料，以電動攪拌器高速打發，至呈現偏白色的狀態。

4. 將步驟3材料加入步驟1中，以電動攪拌器中速加以拌勻。加入步驟2材料，以中速持續拌勻。將C料過篩加入，改以打蛋器均勻攪拌至無粉類狀態（b）。

5. 將拌好的麵糊倒入模型內，以矽膠抹刀將麵糊從凸起的中央抹向凹陷的左右兩側後（c），將罌粟籽薄撒一層於表面。將模型輕敲桌面，重複約2至3次以擠出麵糊內多餘空氣。放入已預熱至160℃的烤箱中，烘烤約40分鐘。

(a)

(b)

(c)

抹 茶 蛋 糕

材料（直徑18cm圓模‧1個）

A
- 低筋麵粉…50g
- 抹茶粉…15g
- 泡打粉…1/4小匙

- 蛋白…4個
- 蛋黃…4個
- 黍砂糖…100g
- 奶油…60g
- 鮮奶油（含乳脂份35%）…2大匙

☆前置準備
- 蛋白在使用前請置於冰箱冷藏。蛋黃則置於室溫下回溫。
- 奶油融化後，加入鮮奶油混勻，溫度和體溫接近即可。
- 將A料混勻。
- 將烘焙紙鋪於模型中。
- 烤箱預熱至160℃。

1. 將蛋白及1/3的黍砂糖放入鋼盆中，以電動攪拌器高速打發。完成蛋白糖霜後（請參閱P.4‧第3點），轉以低速調整糖霜的密度，放入冰箱冷藏。

2. 另取一鋼盆，放入蛋黃及剩下2/3的黍砂糖，以電動攪拌器高速打發至呈現偏白色的狀態。

3. 將步驟1的1/3量加入於步驟2中，以電動攪拌器混勻，直到顏色完全融合為止。

4. 將A料過篩加入步驟3中，改以矽膠抹刀仔細拌勻。

   ＊因為麵糊偏硬，請仔細地從底部往上翻攪、拌勻。

5. 將剩下的蛋白糖霜加入於步驟4中，盡量不破壞泡沫的情況下，以打蛋器快速地拌勻（請參閱P.5‧第6點）。

6. 在步驟5即將完全混合之前，加入融化的奶油及鮮奶油後，盡速拌勻。

7. 將麵糊倒入模型內，將模型輕敲桌面，重複約2至3次以擠出麵糊內多餘空氣（a）。放入已預熱至160℃的烤箱中，烘烤約35至40分鐘。出爐後，為防止蛋糕冷卻內縮變形，可將模型先抬高再鬆手使其落下約兩次（b）。

(a)　　　　　(b)

香蕉 & 黑糖 & 核桃
の豆腐磅蛋糕

材料（21.8 X 8.7 X高6cm磅蛋糕模型1個・容量約900cc）
香蕉…1根
核桃…15g
絹豆腐…30g
雞蛋…2個
黑糖粉…70g
奶油…65g

A ┌ 低筋麵粉…75g
  └ 泡打粉…1小匙

☆前置準備
・將香蕉切成小塊，以刀背輕拍後備用。
・核桃放入已預熱至100℃的烤箱中，烘烤約5分鐘，略微切碎。
・將絹豆腐去除水分後，以餐巾紙包覆備用。
・奶油置於室溫下待其軟化。
・將烘焙紙鋪於模型中。
・烤箱預熱至150℃。

1. 將奶油及黑糖放入鋼盆中，以電動攪拌器高速攪拌至略微膨脹的狀態。

2. 打入兩顆雞蛋（a），將攪拌器以中速至高速攪拌，加入香蕉，以攪拌器高速攪拌均勻。

3. 取下絹豆腐的餐巾紙，將絹豆腐加入步驟2中，電動攪拌器以中速攪拌均勻，直至豆腐變成接近豆渣的狀態（b）。

4. 將A料過篩加入，持矽膠抹刀以切割手法俐落地拌勻，最後階段加入核桃，拌勻。

5. 將麵糊倒入模型中，以矽膠抹刀從凸起的中央抹向凹陷的左右兩側，將模型輕敲桌面，重複約2至3次以擠出麵糊內多餘空氣。放入已預熱至150℃的烤箱中，烘烤約1小時。

(a)

(b)

巧 克 力 & 栗 子 蛋 糕

材料（直徑18cm的圓模型・1個）

甜栗（對半切開）…100g

A
蛋白…3個
黍砂糖…30g

B
蛋黃…3個
黍砂糖…45g
＊如偏好淡甜者，可改為30g

C
巧克力磚…75g
奶油…65g

D
可可粉…40g
低筋麵粉…20g

鮮奶油…50cc
威士忌酒…1大匙

☆前置準備
・蛋白在使用前請於冰箱冷藏。蛋黃則置於室溫下回溫。
・將C料混合，隔水加熱至融化（a）。
・D料混合備用。
・將烘焙紙鋪於模型中。
・烤箱預熱至160℃。

1. 將A料放入鋼盆中，以電動攪拌器高速打發。完成蛋白糖霜後（請參閱 P.4・第3點），轉以低速調整糖霜的密度，放入冰箱冷藏。

2. 另取一鋼盆放入B料，以電動攪拌器高速打發至呈現偏白色的狀態。

3. 將C料及鮮奶油放入步驟2中，以電動攪拌器中速攪拌，拌勻後加入D料，再以打蛋器攪拌均勻。

4. 將步驟1加入步驟3中，盡量不破壞泡沫的情況下，以打蛋器快速地拌勻。最後加入栗子，混合均勻。

5. 將麵糊倒入模型中，放入已預熱至160℃烤箱中，烘烤約45至50分鐘。出爐後趁熱以刷子在蛋糕表面刷上威士忌（b），靜置待涼。

(a)

(b)

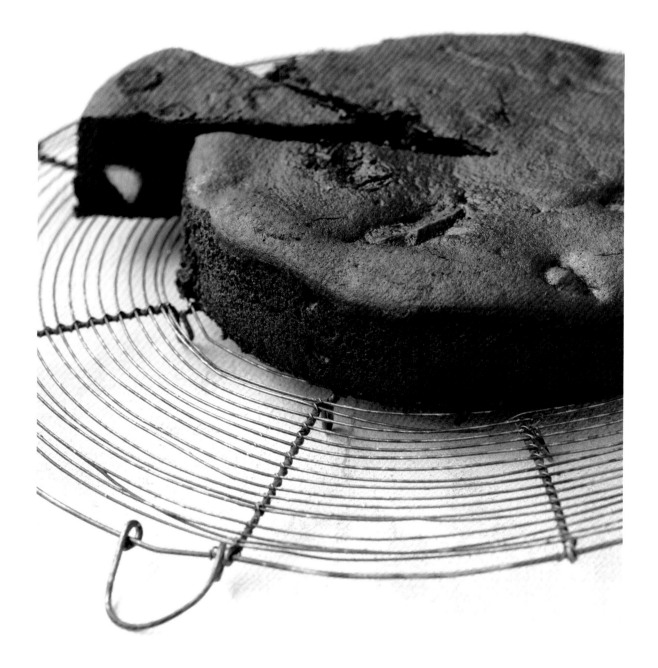

銅 鑼 燒

材料（4個份）
低筋麵粉…50g
雞蛋…1個
黍砂糖…25g
味醂…1/2小匙
泡打粉…1g
水…20cc
太白胡麻油或沙拉油…適量
紅豆泥…適量
＊全泥狀或帶顆粒的紅豆泥皆可！

1. 將蛋打入於鋼盆中，以打蛋器攪拌。依序加入黍砂糖、味醂後，再以打蛋器拌勻。

2. 加入低筋麵粉及泡打粉於鋼盆中，持矽膠抹刀以切割手法將全部拌勻。以保鮮膜覆蓋後，靜置於室內常溫下20至30分鐘。

3. 將水加入步驟2後拌勻成麵糊。倒入少量的油於不沾鍋的平底鍋中，加熱，再以餐巾紙將油在鍋內抹勻。以湯勺舀取麵糊，倒入鍋中呈扁圓狀（a），煎至麵糊表面冒出氣泡後即可翻面，將兩面煎勻。以相同方式續煎8片。煎好後取出放入淺盤內，為了避免鬆餅乾燥，請加一條擰乾的濕毛巾覆蓋於上層（b）。

4. 夾入紅豆餡後即可享用。

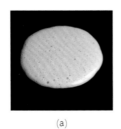 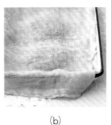

(a)　　　　　(b)

金 飩 和 菓 子　3 種

【 地 瓜 の 金 飩 】

材料（ 3至4人份 ）
紅番薯…150g
酸奶油（ Saur cream ）…1大匙
黍砂糖…約1小匙

【 南 瓜 の 金 飩 】

材料（ 3至4人份 ）
南瓜…150g
酸奶油（ Saur cream ）…1大匙
黍砂糖…約1小匙

【 百 合 根 の 金 飩 】

材料（ 易操作的份量 ）
百合根…1個
黍砂糖…1/4小匙
鹽…2小撮

（作法相通）

1. 將南瓜洗淨去皮，百合根去除茶色部位後洗淨。

2. 將番薯、南瓜、百合根以蒸籠蒸軟，趁熱以木勺壓碎成泥。

   ＊可留下一些小塊狀，增添口感！

3. 南瓜及番薯可視硬度加入酸奶油調整（ 如果已軟化，酸奶油的量可減半 ），依個人喜好調味，再加入黍砂糖。百合根則請先試味道後，再依個人喜好調味，至能嘗出百合根的原味即可。

   ＊無論哪一種口味，都可依個人喜好加糖進行調整。

4. 最後以保鮮膜包覆後，扭成圓球狀後再調整細部形狀（ a ）。

(a)

乾柿和菓子

材料（易操作的份量）
乾柿…3個
核桃…9顆

☆前置準備
・將核桃放入已預熱至100℃的烤箱中，烘烤約5分鐘。

1.取下乾柿的蒂頭後，將乾柿以手搓揉直至變軟。

2.將3顆核桃塞入1個乾柿中（a），再切開成圓片狀。

  ＊核桃的使用量視乾 的大小而定，只要能塞入乾柿內即可。

(a)

紅棗和菓子

材料（易操作的份量）
紅棗…30g
黍砂糖…25g
水…50cc
炒熟白芝麻…適量

1.將水及黍砂糖放入鍋中加熱，待砂糖溶解後放入洗淨的紅棗
  （b）。

2.待紅棗均勻沾覆糖漿後熄火，撒入白芝麻，待冷卻至不燙手後
  即可享用。

(b)

抹 茶 豆 漿
戚 風 蛋 糕

材料（直徑17cm・戚風模型1個）

A
- 蛋白…4個
- 黍砂糖…15g
- 鹽…1小撮

B
- 蛋黃…3個
- 黍砂糖…35g

C
- 低筋麵粉…55g
- 泡打粉…3g
- 抹茶粉…7

D
- 豆漿…50cc
- 水…30cc
- 太白胡麻油…40cc

☆前置準備
・蛋白在使用前請於冰箱冷藏。蛋黃則置於室溫下回溫。
・將C料及D料分別混勻。
・烤箱預熱至170℃。

1. 將A料放入鋼盆中，以電動攪拌器高速打發。製作蛋白糖霜後（請參閱P.4・第3點），轉以低速調整糖霜的密度後，放入冰箱冷藏。

2. 另取一鋼盆放入B料，以電動攪拌器高速打發至整體呈現偏白色的狀態即舀起時蛋黃液如緞帶垂落的質感即可。

3. 將太白胡麻油分成3次加入步驟2中，並以電動攪拌器低速攪拌，使太白胡麻油與蛋黃液完全融合。D料也分成3次加入，並以電動攪拌器低速攪拌混勻（a）。

4. 將步驟1的1/3量加入步驟3中，以電動攪拌器低速攪拌，至顏色完全混合均勻。

5. 將C料一邊過篩一邊加入步驟4中，以打蛋器大動作地整體攪拌，至無粉末且麵糊質地均勻，無結塊狀態。

6. 倒入剩下的蛋白糖霜，以打蛋器俐落且不破壞泡沫的方式，快速拌勻（b）。

7. 將步驟6倒入模型內，將模型輕敲桌面2至3次，擠出多餘的空氣，以抹刀將表面整平。放入已預熱至170℃的烤箱中，烘烤約35至40分鐘。烤後，從烤箱取出後，將模型輕敲桌面輕敲2至3次。再將模型倒置，插在瓶子上待涼（c）。待冷卻至不燙手後，取一把小刀或水果刀，插入模型及蛋糕體的縫隙間，將刀沿著模型劃一圈，即可順利脫模。

(a)

(b)

(c)

蛋糕捲

材料（29 X 29cm烤盤・1份）
請見抹茶豆漿戚風蛋糕的麵團材料
（請參閱P.54）…全量

鮮奶油…150g
加糖紅豆泥…150g

(a)

(b)

(c)

☆前置準備
・將烘焙紙鋪於烤盤中。
・烤箱預熱至150℃。

1. 製作和抹茶豆漿戚風蛋糕相同的麵糊。（請參閱P.54・步驟1至7）

2. 將步驟1材料倒入烤盤中，放入已預熱至150℃烤箱中，烘烤約15分鐘，降低烤箱溫度至140℃，再續烤10至15分鐘。

   ＊將鋼盆中剩餘的麵糊倒於烤盤的四個角落，使麵糊與烤盤完全密合沒有空隙。

3. 鮮奶油以電動攪拌器高速攪拌，直至質地如蛋白糖霜般的立體綿密，加入紅豆泥，再次攪拌均勻。

4. 步驟2烘烤好後，將烤盤由上往下輕敲桌面3至4次。在網架上鋪上比蛋糕略大的烘焙紙，趁熱將蛋糕翻面倒出，置於網架上，在蛋糕表面覆蓋一層保鮮膜，使蛋糕在冷卻的同時也能保持濕潤（a）。

5. 待蛋糕冷卻至不燙手，翻回正面，將剛才鋪於網架上的烘焙紙鋪於工作檯上，將蛋糕（正面朝上）放於烘焙紙上。以靠近操作者一側的蛋糕邊緣為起點，相對的另一側為尾端，將蛋糕尾端以斜切處理，從蛋糕的起點邊緣以刀子畫出5個刀口，其間距寬1cm。將步驟3鮮奶油均勻塗抹於蛋糕上，起點邊緣多塗一些，終點邊緣塗得薄些（b），以烘焙紙包住蛋糕往前推捲的方式，完成蛋糕捲（c）。捲好後以保鮮膜包覆，放入冰箱冷藏約1小時，切開後即可享用。

捲蛋糕的重點
將蛋糕的起點邊緣略微抬起後往前捲，製作出一個中芯。芯完成後，提起蛋糕下方烘焙紙的兩端稍微往前推，順勢將蛋糕捲起。捲後以刀子或尺規將蛋糕尾端壓緊整平。

杯子蛋糕

抹茶豆漿口味・巧克力香蕉口味・黃豆口味

材料（200cc的紙杯・7個）
請見抹茶豆漿戚風蛋糕的麵團材料
（請參閱P.54）…全量
請見巧克力香蕉戚風蛋糕的麵團材料
（請參閱P.58）…全量
請見黃豆戚風蛋糕的麵團材料
（請參閱P.60）…全量

☆前置準備
・烤箱預熱至170℃。

1. 請參閱P.54戚風蛋糕中步驟1至7，製作麵糊。

2. 將製作好的麵糊倒入紙杯中，放入已預熱至170℃烤箱中，烘烤約15至20分鐘。

巧克力 & 香蕉戚風蛋糕

材料（適用於直徑17cm的戚風蛋糕模型‧1個）

A
- 蛋白…4個
- 黍砂糖…15g
- 鹽…1小撮

B
- 蛋黃…3個
- 黍砂糖…35g

C
- 低筋麵粉…55g
- 可可粉…8g
- 泡打粉…3g

D
- 水…30cc
- 豆漿…30cc

太白胡麻油…40cc

香蕉…1根

☆前置準備
‧蛋白在使用前請於冰箱冷藏。蛋黃則置於室溫下回溫。
‧C料及D料分別混勻。
‧將香蕉去皮後切成小塊。
‧烤箱預熱至160℃。

1. 將A料放入鋼盆中，以電動攪拌器高速打發。製作蛋白糖霜後（請參閱P.4‧第3點），轉以低速調整糖霜的密度後，放入冰箱冷藏。

2. 另取一鋼盆放入B料，以電動攪拌器高速打發至整體呈現偏白色的狀態即舀起時蛋黃液如緞帶垂落的質感即可。

3. 將太白胡麻油分成3次加入步驟2中，並以電動攪拌器低速攪拌，使太白胡麻油與蛋黃液完全融合。加入香蕉混勻，D料也分成3次加入，並以電動攪拌器低速攪拌混勻。

4. 將步驟1的1/3量加入步驟3中，以電動攪拌器低速攪拌至顏色完全混合均勻。

5. 將C料一邊過篩一邊加入步驟4中，以打蛋器攪拌至無粉末、麵糊質地均勻，無結塊狀態。

6. 倒入剩下的蛋白糖霜，以打蛋器俐落且盡量不破壞泡沫的方式，快速拌勻。

7. 將步驟6倒入模型內，將模型輕敲桌面2至3次，擠出多餘的空氣，以抹刀將表面整平。放入已預熱至160℃的烤箱中，烘烤約35至40分鐘。烤好後，從烤箱取出後，將模型輕敲桌面輕敲2至3次。再將模型倒置，插在瓶子上待涼。待冷卻至不燙手後，取一把小刀或水果刀，插入模型及蛋糕體的縫隙間，將刀沿著模型劃一圈，即可順利脫模。

黃豆戚風蛋糕
佐豆腐鮮奶油

材料（直徑17cm戚風蛋糕模型・1個）

A
- 蛋白…4個
- 黍砂糖…15g
- 鹽…1小撮

B
- 蛋黃…3個
- 黍砂糖…30g

C
- 豆漿…50cc
- 水…30cc

D
- 低筋麵粉…50g
- 黃豆粉…30g
- 泡打粉…3g

太白胡麻油…40cc

豆腐鮮奶油…適量
含糖紅豆泥…適量

☆前置準備
- 蛋白在使用前於冰箱冷藏。蛋黃則置於室溫下回溫。
- C料及D料分別混勻。
- 烤箱預熱至160℃。

1. 將A料放入鋼盆中，以電動攪拌器高速打發。製作蛋白糖霜後（請參閱P.4・第3點），轉以低速調整糖霜的密度後，放入冰箱冷藏。
2. 另取一鋼盆放入B料，以電動攪拌器高速打發至整體呈現偏白色的狀態即舀起時蛋黃液如緞帶垂落的質感即可。
3. 將太白胡麻油分成3次加入步驟2中，並以電動攪拌器低速攪拌，使太白胡麻油與蛋黃液完全融合。C料也分成3次加入，並以電動攪拌器低速攪拌混勻。
4. 將步驟1的1/3量加入步驟3中，以電動攪拌器快速攪拌，至顏色完全混合均勻。
5. 將D料一邊過篩一邊加入步驟4中，以打蛋器攪拌，至無粉末且麵糊質地均勻，無結塊狀態。
6. 倒入剩下的蛋白糖霜，以打蛋器俐落且盡量不破壞泡沫的方式，快速拌勻。
7. 將步驟6倒入模型內，將模型輕敲桌面2至3次，擠出多餘的空氣，以抹刀將表面整平。放入已預熱至160℃的烤箱中，烘烤約35至40分鐘。烤後，從烤箱取出後，將模型輕敲桌面輕敲2至3次。再將模型倒置，插在瓶子上待涼。待冷卻至不燙手後，取一把小刀或水果刀，插入模型及蛋糕體的縫隙間沿邊劃一圈，即可順利脫模。
8. 最後將蛋糕佐以豆腐鮮奶油及紅豆泥，一起食用。

豆腐鮮奶油

材料（易操作的份量）

絹豆腐…70g
蜂蜜…1小匙
黃豆粉…1.5大匙
太白胡麻油…1小匙

1. 將絹豆腐以薄布或毛巾包覆後，擠出水分。
2. 把所有材料放入鋼盆內，以打蛋器攪拌均勻。依個人喜好以蜂蜜調味。

＊鮮奶油不可放置隔夜，食用前再製作即可。

柚子 & 葡萄柚果凍

材料（**2人份**）
有機葡萄柚…1個
柚子醬…2大匙
蜂蜜…適量
吉利T粉…4g（約1大匙）

☆前置準備
・將吉利T粉以1大匙水溶化。若選用無需事前溶解的吉利T粉，則直接使用即可。

1.將葡萄柚橫向對半切開，以湯匙取出果肉及果汁（a），以手小心剝下
果皮內層的白蒂（b）。

＊取出白蒂時，請小心別把果皮弄破了哦！

2.利用濾茶器將果汁及果肉分開，去除果肉內的果皮及籽。果汁準備約
150cc。

＊果汁如果不足可以加水至150cc！

3.將果汁、吉利T粉、柚子醬放入鍋中以小火加熱，增溫時同時攪拌均
勻。待吉力T粉及柚子醬溶化後即可熄火，依個人喜好加入蜂蜜調味，
再攪拌均勻。

4.將果肉放入葡萄柚的果皮內後，倒入步驟3的汁液，待冷卻至不燙手後
放入冰箱冷藏2個小時以上，使果凍凝結。

(a)　　　　　　　　(b)

番 茄 & 金 桔 果 凍

材料（**3人份**）

小番茄（請挑選高甜度）
…3個
番茄汁（無糖・無鹽）
…160g
吉利T粉…2g（1小匙）
蜂蜜…1大匙
金桔…1個

☆前置準備
・將吉利T粉以1大匙水溶化。若選用無需事前溶解的吉利T粉，則直接使用即可。

1.將番茄洗淨去除蒂頭後，以已充滿蒸氣的蒸籠中蒸約3分鐘。趁熱剝去
　外皮後靜置待涼。

2.將番茄汁及吉利T粉放入鍋中，以小火加熱，待吉利T粉溶化後熄火，
　加入蜂蜜攪拌均勻。

3.將步驟1放入容器中，再倒入步驟2，待冷卻至不燙手後放入冰箱冷藏
　2小時以上，使果凍凝結。將金桔切對半後，擠出金桔汁淋上後即可享
　用。

柳 橙 & 薑 味 果 凍

材料（2人份）

有機柳橙…1個
柳橙皮刨絲…1小匙
現榨薑汁…1大匙
吉利T粉…6g（約1大匙）
蜂蜜…1.5大匙
薄荷葉…適量

☆前置準備

·將吉利T粉以1大匙水溶化。若選用無需事前溶解的吉利T粉，則直接使用即可。

1.柳橙洗淨後，刨取材料中柳橙皮的份量，以濾茶器將果肉與果汁分離。

2.在果汁裡加水至100cc，和吉利T粉一起放入鍋內以小火加熱。吉利T粉
　溶化後即可熄火，接著加入柳橙皮絲、蜂蜜及薑汁後，攪拌均勻。

3.在將果肉放入容器後，倒入步驟2，待冷卻至不燙手後放入冰箱冷藏
　2小時以上，使果凍凝固。

4.食用前將果凍盛盤，再點綴上薄荷葉即完成。

QQ 嫩嫩

草莓 & 豆漿果凍

材料（2人份）

草莓…4顆
豆漿…180cc
黍砂糖…1.5至2大匙
吉利T粉…3g（2小匙）

☆前置準備
・將吉利T粉以2小匙水溶化。若選用無需事前溶解的吉利T粉，則直接使用即可。

1. 將豆漿、黍砂糖、吉利T粉放入鍋中後以小火加熱，以打蛋器在鍋中攪拌至砂糖和吉利T粉完全溶化。

2. 將草莓洗淨去除蒂頭後，縱切成4等份。

3. 將步驟2倒入容器，再倒入步驟1，待冷卻至不燙手後放入冰箱冷藏2小時以上，使其凝固。

QQ嫩嫩

抹 茶 & 椰 奶 布 丁

材料（**3至4人份**）

椰奶…120g
牛奶…40g
抹茶…1大匙
熱水…1大匙
黍砂糖…1.5大匙
吉利T粉…2g（1小匙）

☆前置準備
・將吉利T粉以1小匙水溶化。若選用無需事前溶解的吉利T粉，則直接使用即可。
・將抹茶粉加入熱水，拌勻使其溶化。

1.將所有材料放入鍋中後，以小火加熱，以打蛋器仔細攪拌至所有材料
完全溶化。

2.待鍋內所有材料徹底溶化後，將步驟1以濾茶器過濾後，倒入容器中，
待冷卻至不燙手後放入冰箱冷藏2小時以上，使其凝固。

莓 果 & 白 酒 果 凍

材料（**2人份**）
草莓…2顆
藍莓…20顆
白酒…100cc
吉利T粉…2g（1小匙）
熱水…1大匙
蜂蜜…1大匙

1.將草莓洗淨去蒂後，切成與藍莓相同大小。

2.將吉利T粉加入熱水（約80℃）後拌勻，待吉利T粉溶解後再加入蜂蜜，攪拌均勻。

3.將白酒加入步驟2中，混勻。

4.將步驟1及藍莓放入容器中，再倒入步驟3，待冷卻至不燙手後放入冰箱冷藏2小時以上，使其凝固。

5.以湯匙舀取後盛入盤中即可。

檸 檬 & 白 酒 冰 沙

材料（**4人份**）
有機檸檬皮刨絲…半顆份
檸檬汁…半顆份
白酒…150cc
熱水…1大匙
蜂蜜…1.5大匙至2大匙

1.將蜂蜜加入於熱水後攪拌均勻，待蜂蜜溶化後再加入白酒，攪拌均勻。

2.將檸檬皮絲及檸檬汁加入於步驟1後，拌勻後倒入可冷凍的容器中，放入冰箱冷凍。約2小時後取出容器，以叉子攪拌成冰沙狀，即可享用。

黑糖 & 香蕉 & 牛奶果凍

材料（2人份）
香蕉…半根
檸檬汁…1小匙
牛奶…180cc
黑糖粉…2大匙
吉利T粉…3g（約2小匙）

☆前置準備
・吉利T粉以2小匙水溶化。若選用無需事前溶解的吉利T粉，則直接使用即可。

1.將香蕉去皮後切成厚5mm的半月形，並完整沾取檸檬汁以防止變黑。

2.將牛奶、黑糖粉及吉利T粉放入鍋中以小火加熱，以打蛋器攪拌至黑糖及吉利T粉完全溶解。

3.將步驟1放入容器中，將步驟2以濾茶器過濾後倒入容器中，待冷卻至不燙手後送入冰箱冷藏約2小時，使其凝固。

蕨 餅

材料（**2人份**）
蕨粉…25g
黍砂糖…50g
水…150cc
黃豆粉…適量

1.將蕨粉、黍砂糖、水放入鍋中，以小火加熱，以木勺攪拌均勻。

2.步驟1呈現黏稠狀後（a），以木勺持續攪拌增強黏性，待鍋內材料呈透明狀
（b）後，倒入淺盤。

3.待冷卻至不燙手後，撒上黃豆粉，以刮板切開後，即可享用。

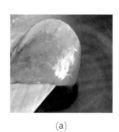 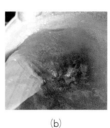

(a)　　　　　　　　(b)

草莓＆紫米の糰子

材料（10個份）
紫米…200g
豆沙…適量
草莓…10個

☆前置準備
・將紫米洗淨後以水浸泡一晚。

1. 將紫米以竹篩瀝去水分（將瀝後的水保留起來），以毛巾包覆起來，放入已充滿蒸氣的蒸籠中，蒸約1至1個半小時，直至完全變軟。蒸米過程中，約經40分鐘時，將紫米瀝出的水以手分3次灑入蒸籠中（a）。

　＊包覆紫米的毛巾會被染成紫色，也可使用萬用調理紙。

2. 將步驟1紫米放入研缽中，趁熱將紫米磨碎，磨至還留有米粒狀即可（b）。

　＊磨碎過程中，搗棒可不斷地沾水，會更方便使用。

3. 將雙手沾濕後，將步驟2分成10等份，在手掌心中捏成一個扁圓球狀，放入豆沙及草莓，再以紫米往上包覆，但要露出一點草莓（c）。

(a)　　　　　　　(b)　　　　　　　(c)

抹茶&豆漿の 葛粉麻糬

材料（3至4人份）
葛粉…25g
豆漿…200cc
抹茶粉…1大匙
熱水…1大匙
太白胡麻油…2大匙
黍砂糖…1.5大匙
黑糖蜜…適量

1. 將抹茶粉以熱水完全溶解，再加入太白胡麻油，以打蛋器攪拌均勻。
2. 將葛粉、豆漿、步驟1及黍砂糖放入鍋中，以打蛋器拌勻後，移至爐火上加熱。
3. 在加熱的同時以木勺攪拌材料，至呈現黏稠狀態後，改以快速地翻攪拌揉（a）。
4. 待鍋內材料呈現光澤，且如同麻糬的膠黏質感後，倒入淺盤中，待冷卻至不燙手後放入冰箱冷藏1小時，使其凝固，食用前淋上黑糖蜜即可。

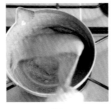

(a)

生 麩 の 安 倍 川 麻 糬

材料
生麩…適量
黃豆粉…適量
黑糖蜜或黍砂糖…適量
＊準備個人喜好的份量即可！

1.將生麩切成個人喜好大小，放入已充滿蒸氣的蒸籠中蒸約1至2分鐘。

2.趁熱沾上黃豆粉（a），淋上黑糖蜜或沾著砂糖食用。

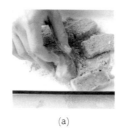

(a)

雜 糧 & 無 花 果 の 椰 奶 甜 湯

材料（2至3人份）
雜糧…50g
無花果乾…20g
椰奶…100cc
水…250cc
黍砂糖…半大匙
鹽…1小撮

☆前置準備
・將雜糧洗淨後以水浸泡一晚。
・將無花果乾切對半。

1. 將雜糧洗淨後，以竹篩瀝去水分，將水及無花果乾一起放入鍋中加熱。
   持續加熱至雜糧煮透，約30分鐘。

   ＊如果加熱途中水分蒸發太多，可視情況加入可蓋過鍋內材料的水量即可。

2. 將椰奶、黍砂糖及鹽調味加入於步驟1中，依個人喜好調味。

   ＊請依個人喜好，添加蒸過的地瓜或紅豆泥，也很好吃哦！

豆腐糰子 & 生麩薑味 の黑糖甜湯

材料（2至3人份）
小紅豆…50g（以水浸泡一晚）
白玉粉…30g
絹豆腐…35至40g
生麩…2塊
生薑薄片…1片
黑糖（粉末）…4大匙
鹽…1小撮

※白玉粉：白玉粉即是以白鑊炒熟了的糯米粉，日本是由糯米去殼直接加水研磨成漿，再經過脫水乾燥而成為白玉粉。多用於製作具有Q軟口感的和菓子中，如白玉、求肥、大福等。

※生麩：是一種類似麵筋的食物。由小麥、大麥等穀物中所提取，主要由穀物中的各種蛋白質組成。

☆前置準備
•將紅豆洗淨後以水浸泡一晚。

1. 將紅豆連水放入鍋中加熱，水煮開後以竹篩過篩一次。再加入500cc（份量外）的清水於鍋中，持續加熱約30分鐘，直至紅豆開始變軟。

2. 將生薑薄片、黑糖、鹽加入步驟1中，一邊加熱時一邊以濾網舀出浮沫，持續將紅豆煮至個人喜好的軟度後，依個人喜好以黑糖調味。

3. 製作豆腐糰子。將白玉粉及絹豆腐放入另一鍋盆中，拌揉至如耳垂柔軟的觸感（a）。將麵團分為8至9等份，以手掌心搓圓成丸子狀，將糰子放入滾水中煮至浮起後，再煮約1至2分鐘後即可撈起。

4. 將生麩切成3等份。

5. 將步驟3 & 4加入於步驟2中，加熱至整體溫熱後即可裝盤享用。

(a)

熱南瓜 & 椰奶甜湯

材料（3至4人份）
南瓜…150g
椰奶…50至100cc
黍砂糖…適量
甜紅豆泥…適量

1.將南瓜洗淨去皮，放入已充滿蒸氣的蒸籠內蒸至軟透。趁熱以木勺或搗棒將南瓜磨碎（a）。

　＊不需磨得太細，保留一些南瓜碎塊也很好吃哦！

2.依個人喜好加入椰奶於步驟1中調整味道&口感（b），甜度則可以砂糖調味。

3.裝入喜好的容器內，加上紅豆泥後即可享用。

(a)　　　　　　(b)

南 瓜 小 麵 包

材料（8個）
南瓜（洗淨・去皮去籽後）⋯100g
地瓜⋯180g
低筋麵粉⋯4大匙
泡打粉⋯1g
太白胡麻油⋯1小匙
黍砂糖⋯2小匙

1.將南瓜及地瓜放入已充滿蒸氣的蒸籠內蒸至軟透。

2.將南瓜放入鋼盆內，以木勺壓碎，加入低筋麵粉＆泡打粉＆太白胡麻油，
　拌揉至如耳垂柔軟的觸感（若太軟，可添加麵粉）。將麵團分為8等份，以
　手捏成扁圓形。

3.地瓜蒸軟後去皮，放入另一鋼盆中，以木勺粗略地壓碎後，加入黍砂糖拌
　匀，分為8等份後揉成圓形。

　＊此步驟為製作內餡，請以個人喜好添加砂糖調味。

4.雙手沾上份量外的麵粉，將步驟2麵團壓扁攤平，將步驟3內餡放入，整型
　為圓球狀（a）．

5.在已充滿蒸氣的蒸籠內鋪上一層薄毛巾後，將步驟4分別放入蒸籠內（以間
　隔排入），蒸約10分鐘即可（b）。

(a)　　　　　　　　(b)

Ingredients 【主要材料】

1.黑糖
將甘蔗汁加熱濃縮後製成砂糖。
特色是帶有濃郁的香氣及甜味。

2.低筋麵粉
滑順又扎實的口感,
常用於製作蛋糕或餅乾等點心。

3.全麥麵粉
將小麥的表皮、胚芽＆胚乳磨細製成。
帶有清脆顆粒的口感,
也可選用低筋麵粉的粗製粉。

4.黍砂糖
擁有豐富的礦物質,
甜味甘醇。
選擇粉末狀較方便使用。

5.黃豆粉
將黃豆炒熟後磨成細粉,
擁有獨特的香氣。
常用於製作日式和菓子。

6.豆漿
製作豆腐的過程中,
將黃豆煮出的湯汁凝聚而成。
請選用無添加物的豆漿。

7.蜂蜜
含有維他命＆礦物質等養分,
常用於料理中增加甜度。

8.雞蛋
挑選蛋黃色澤飽滿有彈性,
蛋白薄而清透的雞蛋。

9.奶油
於製作點心時使用,
常選用不含鹽的奶油。
本書亦同。

10.和三盆糖
日式和菓子中不可或缺的甜料，
其名稱由來是因製作此糖過程中，
需費時三個晚上重複進行。

11.杏仁粉
將杏仁研磨至粉末狀的製品。

12.抹茶
帶有鮮豔的綠色及茶葉特有的香氣，
無論是和菓子或洋菓子皆經常使用。

13.核桃
新鮮或乾燥過後的核桃乾都可直接食用，
特色是令人口齒留香。
由於形狀獨特，
可作為裝飾用，或混合於材料中。

14.胡桃（Pecan）
帶有甜味且口感鬆軟。
可切碎了後混入點心材料中，
或作為裝飾。

15.泡打粉
僅需要一點點就能使麵團膨脹，
非常方便。
建議選用有機泡打粉。

16.鹽
能引出食物原味的效果。
建議挑選富有礦物質的天然海鹽。

17.太白胡麻油
將上等的芝麻直接生搾，
將芝麻的原始風味原封不動地
保存下來的好油。

18.吉利丁
從膠原蛋白中粹取的蛋白質，
讓點心能有充滿彈性的口感。
另有不用先行泡水溶化，可以直接使用的產品。
※素食者則建議使用植物性吉利T粉。

Tools 【工具】

1.網架
於烘焙完成的成品靜置待涼時使用。
由於透氣性強，熱氣可快速散去。

2.量杯
可測量液體＆粉末。
建議選用材質透明的量杯。

3.電動攪拌器
在製作蛋白糖霜或攪拌，
或打發麵團等作業時，
電動攪拌器能夠快速有效率地完成。

4.鋼盆
有不鏽鋼和玻璃材質等選擇，
建議可備齊幾種不同尺寸大小，
使用時更加便利。

1

2

3

4

5

6

7

5.擀麵棍
於壓平麵團等材料時使用。

6.烘培紙
製作餅乾或小點心時，鋪於烤盤中。

7.小鍋
調理少量的材料或製作小份量的
點心時，十分方便。

8.戚風蛋糕模型
中央有個凸出的軸心的戚風蛋糕
專用模型。
建議選用導熱快的鋁製模型。

9.圓形蛋糕模型
一般圓形蛋糕模型。
書中使用直徑18cm模型。

10.磅蛋糕模型
長方形且具深度的磅蛋糕專用模型。

11.刮板
可切割麵團,
或將倒入烤盤中麵團
抹平整型的方便工具。

12.打蛋器
於混合材料、打發起泡時最適合的工具,
如備有大小兩種尺寸更為方便。

13.矽膠抹刀
可將鋼盆中的麵團
或鮮奶油等材料
完整刮出的工具。

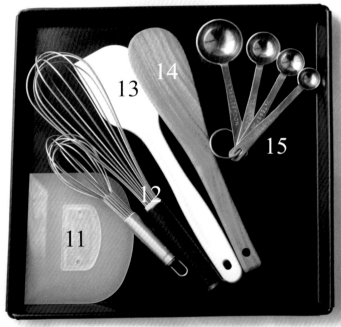

14.木勺
於料理拌炒及混合材料時使用。

15.量匙
大匙為15ml,小匙為5ml,
粉類則以平匙測量。

16.磅秤
用於秤量材料,是製作甜點基本重點。
建議選用以1g為單位的電子秤。

後　記

在我的孩提時光裡，由於母親忙碌於店裡生意，

幾乎沒有時間能專心和下課回家的我們姐弟倆，

聽我們說說學校的事。

母親的雙手總沒停過地，一邊在廚房忙著，一邊和我們閒聊。

即便如此忙碌，母親仍親手製作給我們吃的點心。

有時，將工作空檔時揉好的麵團，炸成熱呼呼的甜甜圈；

有時，把當季水果作成了果凍。

母親所作的點心，並非那種全神貫注、工程浩大的特別甜點，

而是在孩子和忙碌不已的母親之間，

親密聯繫起的一道道充滿溫暖的小點心。

我認為，親手作的甜點，

有一種特別的魔力，一定能讓吃到的人展開笑顏。

因為「好好吃喔！」，而露出喜悅笑容，

並滲透到心裡、身體裡、細胞裡的每一個角落。

就算經過歲月的洗禮，已記不住確切的滋味，

我相信幸福的回憶一定會伴隨記憶留在身體的感受中。

如果書中所介紹的甜點，能夠成為你的特別回憶，

那將會是我最開心的事！

烘焙 良品 20

自然味の手作甜食
50道天然食材＆愛不釋手的Natural Sweets

作　　者／青山有紀
譯　　者／丁廣貞
發 行 人／詹慶和
總 編 輯／蔡麗玲
執行編輯／詹凱雲
編　　輯／蔡毓玲・林昱彤・劉蕙寧・黃璟安・陳姿伶
封面設計／陳麗娜
美術編輯／周盈汝・李盈儀
內頁排版／鯨魚工作室
出 版 者／良品文化館
郵政劃撥帳號／18225950
戶　　名／雅書堂文化事業有限公司
地　　址／220新北市板橋區板新路206號3樓
電子信箱／elegant.books@msa.hinet.net
電　　話／(02)8952-4078
傳　　真／(02)8952-4084

2013年8月初版一刷　定價280元

AOYAMA YUKI NO NATURAL SWEETS by Yuki Aoyama
Copyright © yuki aoyama 2012
All rights reserved.
Original Japanese edition published by Nitto Shoin Honsha Co., Ltd.
This Traditional Chinese language edition is published by arrangement with
Nitto Shoin Honsha Co., Ltd., Tokyo in care of Tuttle-Mori Agency,Inc., Tokyo
through Keio Cultural Enterprise Co., Ltd., New Taipei City ,Taiwan.

總經銷／朝日文化事業有限公司
進退貨地址／235新北市中和區橋安街15巷1號7樓
電話／（02）2249-7714　　傳真／（02）2249-8715
星馬地區總代理：諾文文化事業私人有限公司
新加坡／Novum Organum Publishing House (Pte) Ltd.
20 Old Toh Tuck Road, Singapore 597655.
TEL：65-6462-6141　　FAX：65-6469-4043
馬來西亞／Novum Organum Publishing House (M) Sdn. Bhd.
No. 8, Jalan 7/118B, Desa Tun Razak, 56000 Kuala Lumpur, Malaysia
TEL：603-9179-6333　　FAX：603-9179-6060

STAFF

攝影／神林環
藝術指導・設計／TUESDAY（戶川知啓＋戶川知代）
取材／井口里江
甜點製作助理／高橋麻衣子・白山小絵 （青家）
企劃・執行／中川通・渡辺塁・編笠屋俊夫・牧野貴志

青山有紀
yuki aoyama
京都人。大學畢業後，任職於化妝品公司，而後於中目黑開
了專賣京都小菜的「青家」。以主人兼主廚的身分，展現出
繼承自母親的御番菜（京都風味家常小菜），源自於祖父故
鄉的韓國家庭料理的掌廚手藝。2011年於「青家」的隔壁開
了「青家芳鄰」。從2009年開始投入學習藥膳料理，2010年
畢業於國立北京中醫藥大學日本分校，目前正攻讀碩士班，
2010年獲得國際中醫藥膳師資格。著有《青山有紀的幸福
和食》、《青山有紀的韓國食譜》（暫譯）（皆為日東書院
出版）。

製作材料供應

cuoca
0120-863-639 http://www.cuoca.com

太白胡麻油提供
竹本油脂株式會社
0120-77-1150 http://www.gomaabura.jp

建議選用的材料
滋賀縣產的無農藥全麥麵粉／五穀米／手工製於京都、青家原味五穀生
麩／青家原味黑糖紅豆泥
青家芳鄰　03-6320-7018 http://aoya-nakameguro.com

國家圖書館出版品預行編目(CIP)資料

自然味の手作甜食：50道天然食材&愛不釋手的
Natural Sweets ／青山有紀著；丁廣貞譯.
-- 初版. -- 新北市：良品文化館, 2013.08
　面；公分. -- (烘焙良品；20)
　ISBN 978-986-7139-90-0(平裝)
　1.點心食譜
427.16　　　　　　　　　　　　　　102011121

Sweets

就是要超手感天然食材

超低卡不發胖點心、酵母麵包、米蛋糕、戚風蛋糕……
讓你驚喜的健康食譜新概念。

烘焙良品

烘焙良品 01
好吃不發胖低卡麵包
作者：茨木くみ子
定價：280 元
19×26cm・74 頁・全彩

好想咬一口剛出爐的麵包，
但又害怕熱量太高！本書介
紹 37 款無添加奶油以及油
類的麵包製作方式，讓你在
家就能輕鬆享受烘焙樂趣。

烘焙良品 02
好吃不發胖低卡甜點
作者：茨木くみ子
定價：280 元
19×26cm・80 頁・全彩

47 道無添加奶油的超人氣
甜食食譜大公開！沒有天分
的你也不用擔心，少了添加
油品的步驟，教你輕鬆製作
多款夢幻甜點不失手唷！

烘焙良品 03
清爽不膩口鹹味點心
作者：熊本真由美
定價：300 元
19×26 cm・128 頁・全彩

發源於法國的鹹味點心，不
但顛覆了大眾對甜點的印
象，更豐富了人們的選擇。
只要動手作了之後，就可以
發現法式點心的迷人之處。

烘焙良品 05
自製天然酵母作麵包
作者：太田幸子
定價：280 元
19×26cm・96 頁・全彩

簡單方便的原種培養法，製
作多種美味硬式麵包，以及
詳細的製作過程介紹，此外
本書還有作者的獨門小偏
方，讓你在家輕鬆製作。

烘焙良品 06
163 道五星級創意甜點
作者：橫田秀夫
定價：450 元
19×26cm・152 頁・彩色・單色

本書介紹超多創意甜點，
163 道食譜都能滿足你的需
求，還能隨意加入市售的各
種食品材料，使用的彈性範
圍大就是本書的最大特色。

烘焙良品 07
好吃不發胖低卡麵包 PART 2
作者：茨木くみ子
定價：280 元
19×26 公分・80 頁・全彩

不發胖的麵包是以進入身體
後容易燃燒的食材來製作。
既不使用油脂，且蛋白質也
控制在最低限度，就讓我們
一起來吃低卡麵包吧！

烘焙良品 08
大人小孩都愛的米蛋糕
作者：杜麗娟
定價：280 元
21×28 公分・96 頁・全彩

本書突破了傳統只用麵粉作
點心的規則，每道點心都是
烘焙達人用心設計，堅持手
作自然健康，過敏者也能安
心食用唷！

烘焙良品 09
**新手也會作，吃了會微笑的
起司蛋糕**
作者：石澤清美
定價：280 元
21×28 公分・88 頁・全彩

6 種起司，就能作出好吃起
司蛋糕和點心，3 種基礎起
司蛋糕製作搭配 6 種創新
法，掌握 50 招達人祕笈，
你也是起司蛋糕達人！

烘焙良品 10
初學者也 ok！自己作職人配方的戚風蛋糕
作者：青井聡子
定價：280 元
19×26 公分·88 頁·全彩

作法超簡單，只要有蛋、麵粉、砂糖、沙拉油就能輕鬆完成。堅持使用植物性油，並使其中充分含有空氣而產生細緻口感。

烘焙良品 11
好吃不發胖低卡甜點 part2
作者：茨木くみ子
定價：280 元
19×26cm·88 頁·全彩

本書不僅包含基本裁縫工具的使用方法、圖文並茂的縫紉手法……並介紹許多能讓你事半功倍超好用的工具，還有豐富超實用小技巧唷！

烘焙良品 12
荻山和也 × 麵包機魔法 60 變
作者：荻山和也
定價：280 元
21×26cm·100 頁·全彩

本書可說是荻山和也最精華的麵包食譜，除了基本款土司，並且可以當零嘴的甜麵包，輕食 & 午餐的鹹味麵包，還有祕密的私房特級麵包！

烘焙良品 13
沒烤箱也 ok！一個平底鍋作 48 款天然酵母麵包
作者：梶 晶子
定價：280 元
19×26cm·80 頁·全彩

讓讀者在家也可輕易製作天然酵母麵包，以這些家中一定有的工具來進行麵包製作，即使是沒有麵包烘焙經驗的人，也能夠輕鬆動手體驗！

烘焙良品 14
世界一級棒的 100 道點心：史上最簡單！好吃又好作！
作者：佑成二葉·高沢紀子
定價：380 元
19×24cm·192 頁·全彩

詳細圖解步驟的製作過程，並附有貼心小叮嚀教你注意過程中的楣楣角角，讓新手、家庭主婦、烘焙達人都能輕鬆上手！

烘焙良品 15
108 道鬆餅粉點心出爐囉！
作者：佑成二葉·高沢紀子
定價：280 元
19×26cm·96 頁·全彩

收錄孩子們愛吃的點心！輕鬆利用鬆餅粉，烘焙出令人垂涎三尺的美味點心，與孩子一起享受司康、餅乾、多拿滋及捲餅……的好滋味！

烘焙良品 16
美味限定·幸福出爐！在家烘焙不失敗的手作甜點書
作者：杜麗娟
定價：280 元
平裝·96 頁·21×28cm·全彩

50 道烤箱點心，讓你滿桌幸福好滿足。堅持少糖、少油的健康烘焙，超簡單！最完整！零失敗的幸福手作點心！

烘焙良品 17
易學不失敗的 12 原則 × 9 步驟——以少少的酵母在家作麵包
作者：幸栄 ゆきえ
定價：280 元
19×26·88 頁·全彩

簡單 & 方便的 12 原則 +9 步驟，介紹多種美味硬式麵包食譜，以及詳細步驟，有各國鄉村麵包、洛斯迪克、裸麥麵包……

烘焙良品 18
咦，白飯也能作麵包
作者：山田一美
定價：280 元
19×26·88 頁·全彩

利用白飯，製作口感 Q 彈、米香麵包！以蔬菜、水果、粉類等食材製作。有離乳食品、餡餅麵包、麻花捲麵包……

烘焙良品 19
愛上水果酵素手作好料
作者：小林順子
定價：300 元
19×26 公分·88 頁·全彩

藉由正常菌等微生物的力量，提出食材美味，攝取到更多營養成分，吃得美味又健康，讓家人吃到不含添加物的安全點心。

烘焙良品 20
大自然味の手作甜食 50 道天然食材 & 愛不釋手的 Natural Sweets
作者：青山有紀
定價：280 元
19×26 公分·96 頁·全彩

將最簡單、迅速的製作方法。製作一年四季都可以品嚐的心思小點。是一本讓人感受到樸實卻又溫暖的手作點心書。

 Natural